Melhoramento Genético

Afinando nossas lãs com maior produção de carne

Fernando Amarilho Silveira

Introdução

No começo do século XXI os mercados marcaram fortes tendências que lãs abaixo de 27 micras seriam mais bem remuneradas e isso foi nítido até o período pré-pandemia. Atualmente o mercado laneiro abaixou a régua, em que lãs acima de 21,4 micras estão experimentando um amargor de não haver volumes de negociações, o que impacta tanto no menor preço pago até a não procura, causando o fenômeno "lã no galpão".

Segundo os dados do laboratório de lãs da Associação Brasileira de Criadores de Ovinos (ARCO) referente a amostras de lãs processadas de 2014 a 2022, o diâmetro médio das fêmeas Merino Australiano, Ideal e Corriedale, respectivamente, foram 20,2, 22,4 e 27,6 micras. Com base nisso e no limiar de que lãs acima de 21,4 micras enfrentarão dificuldades de comercialização para fins têxteis, ambas raças Ideal e Corriedale, se desejarem atender as exigências mercadológicas, deverão aumentar a pressão de seleção para diminuir o diâmetro da lã.

Há uma tendência, segundo o relatório de micronagens fornecido pela ARCO, da raça Merino Australiano manter o diâmetro médio, uma diminuição de 0,14 micras por ano na raça Ideal e o estacionamento em 27,0 – 27,5 micras na raça Corriedale. O que caracteriza uma ótima notícia, principalmente, para raça Ideal, que além de estar mais próximo das 21,4 micras, também vêm experimentando um afinamento constante ano após ano.

Com base no mercado laneiro deve-se encarar o problema tendo bem claro o que se produz no Rio Grande do Sul. Uma vez sabendo que tipo de produto há, agora deve-se tomar a decisão se será melhorado ou seguirá buscando um aprimoramento só para a produção de carne. Essa decisão é de suma importância para traçar caminhos a serem seguidos, pois o "abandono da lã" pode resultar em uma maior pressão de seleção para produção de carne, consequentemente um melhoramento genético mais rápido para essa aptidão. No entanto, esse é um caminho relativamente longo, pois uma vez definido para onde uma raça/grupo de produtores/rebanho de um estabelecimento quer ir, deve-se encarar esse compromisso por no mínimo uns 10 anos de trabalho, para ser possível mover a estrutura genética dos animais para patamares ainda não experimentados.

Caso seja constatado que os sistemas produtivos possuem um ingresso importante com a lã, afiná-la é inegociável. Logo, isso deve ser feito com responsabilidade para seguir melhorando também a produção de carne. Para que isso ocorra, um dos primeiros critérios a serem levados em conta é a aquisição de reprodutores que sejam afinadores de lã e com maior peso corporal e/ou taxa de crescimento acelerado. Segundo ponto é o descarte de matrizes que não produzem ou produzem cordeiros leves ao desmame. Se for realizado um trabalho baseado em critério objetivos, sempre olhando para um horizonte de no mínimo 10 anos, será possível obter um animal que entregue lã com melhor remuneração e um maior ingresso pela produção de carne.

A ferramenta capaz de entregar soluções para esse complexo quebra-cabeça é o melhoramento genético. Pois além de ser uma ferramenta que proporciona uma melhora constante, por possuir um progresso lento (pequena melhora por geração), é segura e pode impactar de maneira contundente no perfil dos rebanhos gaúchos.

Desta forma, com um trabalho baseado em critérios bem estabelecidos, pode-se diminuir o diâmetro da lã sem perder aspectos de produção (peso de lã) e produção de carne (kg de cordeiro). No entanto, para qualquer longo caminho dar o primeiro passo é muito importante para alcançar o objetivo. Então, mãos à obra!

Experiências exitosas de países que afinaram e melhoraram a produção de lã e carne

Existe uma confusão entre parâmetros genéticos e métodos de seleção quando se fala de maneira absoluta que ao afinar a lã de um rebanho ele ficará menor e com menor produção de lã. Isso só é verdade se não houver nenhum tipo de estratégia tanto no critério de seleção ou na aquisição de reprodutores que possibilitem mudar essa visão. Em resumo, é possível afinar e aumentar a produção de lã e carne.

Neste capítulo será discutido resultados obtidos em outros países que alcançaram rebanhos mais finos e mais produtivos utilizando, principalmente, reprodutores capazes de produzir ovelhas com lãs mais finas e em maior quantidade e com a produção de cordeiros com maior peso corporal ao abate.

O primeiro caso de sucesso é o da Australia no programa MERINOSELECT. Programa que visa, principalmente aos criadores de Merino, ajudar na identificação de ovinos com maior potencial genético para qualidade e quantidade de lã, crescimento, qualidade e rendimento de carcaça, reprodução e resistência a verminose.

Em um período de 10 anos foi possível diminuir em média meia micra nos rebanhos que participam do MERINOSELECT e com um aumento médio de 2,3 kg de peso corporal com um aumento de 1,8% no peso de velo sujo. Ou seja, nesse período utilizando reprodutores que mantenham ou diminuam o diâmetro da lã e que aumente tanto o peso corporal e o peso de velo, foi possível obter resultados contundentes em termos de produção ovina.

Com isso já pode-se fazer um raciocínio:

- Supondo que os rebanhos Merino participantes do programa possuíam, 10 anos atrás, em média uma lã com diâmetro de 19 micras, um peso de velo médio por cabeça de 3,0 kg e um peso ao abate de 35 kg aos 14 meses de idade.

- Para facilitar o cálculo será utilizado a mesma cotação pelo kg de lã e do borrego para abate pago hoje (26/02/2023) para comparar com 10 anos atrás.
- Ovelhas com lãs de 19 micras, com uma cotação de USD 5,60 (dólar) a um peso médio por cabeça de 3,0 kg, deixariam 10 anos atrás uma receita de USD 16,80 (cotação dia 26/02/2023 – USD 1,00 = R$ 5,21) ou R$ 87,53.
- Com uma cotação do borrego (dois dentes) a R$ 7,50 (26/02/2023) 10 anos atrás proporcionaria uma receita na venda de R$ 262,50/cabeça.
- Um rebanho de 300 ovelhas que consegue abater 114 machos aos 14 meses deixaria de receita anual de: R$ 26.259,00 com lã e R$ 29.925,00 com carne, totalizando R$ 56.184,00.
- Após transcorrer 10 anos de melhoramento genético, lãs com 18,5 micras (meia micra mais fina) a uma cotação de USD 5,95 com uma produção de 3,054 kg de lã em média por cabeça (1,8% a mais de peso de velo) isso proporcionaria uma receita de USD 18,17 (cotação dia 26/02/2023 – USD 1,00 = R$ 5,21) ou R$ 94,67.
- Após transcorrer 10 anos de melhoramento genético, borregos com 14 meses pesando em média 37,3 kg (2,3 kg a mais), proporcionará uma receita a R$ 7,50 o kg vivo de R$ 279,75/cabeça.
- Com a mesma estrutura de rebanho de 300 ovelhas a receita total com lã será de R$ 28.401,00 e uma receita com a venda de 114 borregos de R$ 31.891,50, totalizando R$ 60.292,50.
- A diferença na receita desse rebanho hipotético seria de R$ 4.108,50, ou seja, um ganho de aproximadamente R$ 410,85 por ano apenas com o melhoramento genético.

O exemplo seguinte é no Dohne Merino na África do Sul, que colocaram ênfases após 1994 em reduzir o diâmetro médio e aumentar a produção de lã, com um aumento expressivo no peso vivo.

Em um período de 10 anos os esforços para atingir os objetivos para o Dohne Merino na África do Sul proporcionaram um ganho genético para peso corporal de 1,54 kg, um aumento de 40 gramas no peso de velo (0,040 kg) e uma diminuição de 0,5 micras no diâmetro médio (meia micra).

Repete-se o raciocínio:

- Supondo que os rebanhos de Dohne Merino participantes do programa possuíam, 10anos atrás, em média uma lã com diâmetro de 19,5 micras, um peso de velo médio por cabeça de 3,12 kg e um peso ao abate de 40 kg aos 14 meses de idade.
- Ovelhas com lãs de 19,5 micras, com uma cotação de USD 5,30 (dólar) a um peso médio por cabeça de 3,12 kg, deixariam 10 anos atrás uma receita de USD 16,54 (cotação dia 26/02/2023 – USD 1,00 = R$ 5,21) ou R$ 86,17.
- Com uma cotação do borrego (dois dentes) a R$ 7,50 10 anos atrás proporcionaria uma receita na venda de R$ 300,00/cabeça.
- Um rebanho de 300 ovelhas que consegue abater 114 machos aos 14 meses deixaria de receita anual de: R$ 25.851,00 com lã e R$ 34.200,00 com carne, totalizando RS 60.051,00.
- Após transcorrer 10 anos de melhoramento genético, lãs com 19,0 micras (meia micra mais fina) a uma cotação de USD 5,60 com uma produção de 3,16 kg de lã em média por cabeça (0,040 kg a mais de peso de velo) isso proporcionaria uma receita de USD 17,70 (cotação dia 26/02/2023 – USD 1,00 = R$ 5,21) ou R$ 92,22.
- Após transcorrer 10 anos de melhoramento genético, borregos com 14 meses pesando em média 41,54 kg (1,54 kg a mais), proporcionará uma receita a R$ 7,50 o kg vivo de R$ 311,55/cabeça.
- Com a mesma estrutura de rebanho de 300 ovelhas a receita total com lã será de R$ 27.666,00 e uma receita com a venda de 114 borregos de R$ 35.516,70, totalizando R$ 63.182,70.

- A diferença na receita desse rebanho hipotético seria de R$ 3.131,70, ou seja, um ganho de aproximadamente R$ 313,17 por ano apenas com o melhoramento genético.

Por fim, um exemplo da Raça Corriedale no Uruguai que segue o mesmo objetivo comercial dos anteriores, que é aumentar o peso corporal e peso de velo, diminuindo o diâmetro médio da lã.

Em 10 anos foi possível aumentar o peso de velo em 55 gramas (+ 0,055 kg), aumentar em 2,1 kg de peso corporal e diminuir uma micra (- 1,0 micra).

Com esses dados, pode-se refazer os raciocínios abaixo:

- Supondo que os rebanhos Corriedale participantes do programa possuíam, 10 anos atrás, um diâmetro médio de 27 micras, um peso de velo médio por cabeça de 4,0 kg e um peso ao abate de 42 kg aos 14 meses de idade.
- Ovelhas com lãs de 27 micras, com uma cotação de USD 1,25 (dólar) a um peso médio por cabeça de 4,0 kg, logo, deixariam 10 anos atrás uma receita de USD 5,00 (cotação dia 26/02/2023 – USD 1,00 = R$ 5,21) ou R$ 26,07.
- Cotação do borrego (dois dentes) a R$ 7,50 10 anos atrás proporcionará uma receita na venda de R$ 315,00/cabeça.
- Um rebanho de 300 ovelhas que consegue abater 114 machos aos 14 meses deixaria de receita anual de: R$ 7.821,00 com lã e R$ 35.340,00 com carne, totalizando R$ 43.161,00.
- Após transcorrer 10 anos de melhoramento genético, lãs com 26,0 micras (uma micra mais fina) a uma cotação de USD 1,65 com uma produção de 4,055 kg de lã em média por cabeça (0,055 kg a mais de peso de velo) isso proporcionaria uma receita de USD 6,69 (cotação dia 26/02/2023 – USD 1,00 = R$ 5,21) ou R$ 34,85.
- Após transcorrer 10 anos de melhoramento genético, borregos com 14 meses pesando em média 44,10 kg (2,1 kg a mais), proporcionará uma receita a R$ 7,50 o kg vivo de R$ 330,75/cabeça.

- Com a mesma estrutura de rebanho de 300 ovelhas a receita total com lã será de R$ 10.455,00 e uma receita com a venda de 114 borregos de R$ 37.705,50, totalizando R$ 48.160,50.
- A diferença na receita desse rebanho hipotético seria de R$ 4.999,50, ou seja, um ganho de aproximadamente R$ 499,95 por ano apenas com o melhoramento genético.

Os ganhos podem parecer pequenos, mas deve-se olhar para o benefício disso. Todo ganho genético é permanente, que se for seguido por mais 10 anos o mesmo protocolo de ações, se obterá o dobro dessas cifras (em um cenário hipotético pois as cotações mudam a cada ano).

Desta forma, com os três exemplos distintos, mostra-se que é possível diminuir o diâmetro da lã, sem perder atributos quantitativos da produção ovina.

Definição dos objetivos e critérios de seleção para alcançar o tipo de ovino desejado

Para tomar qualquer ação pensando em melhoramento do rebanho, primeiramente, deve-se entender onde o sistema se encontra. Isso nada mais é saber quais os níveis produtivos tanto em quantidade e em qualidade. Por exemplo, um rebanho hipotético de 300 fêmeas da raça Ideal em que a categoria borregas representa 25% do rebanho (75 borregas) e as outras 75% são ovelhas (225 ovelhas). Assim, supõem-se que lãs de borregas apresentam em média 20,5 micras com peso de velos de 2,5 kg e das matrizes adultas um peso de velo médio de 3,7 kg e com um diâmetro médio de 22,8 micras. A primeira produção de cordeiros das borregas é inferior a categoria adulta, sendo desmamados 60 cordeiros (percentual de 80%) com um peso médio de 20 kg. No entanto, no rebanho adulto o número de cordeiros desmamados é de 203 cordeiros (90%), com um peso ao desmame médio de 22,5 kg.

Desta forma esse sistema produz por ano em média 3,4 kg de lã por fêmea (produção proporcional das borregas no rebanho = 2,5 x 25% = 0,625 kg; produção proporcional das ovelhas no rebanho = 3,7 x 75% = 2,775 kg; produção média por fêmea no rebanho = 0,625 + 2,775 = 3,4 kg), totalizando uma produção das 300 de 1020 kg. Essa lã apresentará em média um diâmetro de 22,2 micras (diâmetro proporcional das borregas no rebanho = 20,5 x 25% = 5,1 micras; diâmetro proporcional das ovelhas no rebanho = 22,8 x 75% = 17,1 micras; diâmetro médio por fêmea no rebanho = 5,1 + 17,1 = 22,2 micras).

Para a produção de kg de cordeiro ao desmame por fêmea encarneirada em média seria de 19,2 kg (60 cordeiros com 20 kg filhos das borregas + 203 cordeiros com 22,5 kg filhos das ovelhas = 1200 kg + 4567,50 kg = 5767,50 kg/300 matrizes = 19,2 kg), totalizando 5767,50 kg por ano. Com base no exemplo acima pode-se definir alguns objetivos de seleção dentro deste rebanho:

1. Aumentar a produção de kg de cordeiros desmamados por fêmea encarneirada;

2. Aumentar o peso de velo das matrizes no rebanho;
3. Diminuir o diâmetro médio da lã das matrizes do rebanho.

Já se sabe onde o rebanho está e para onde ele quer ir. No entanto, nota-se que não se falou em valor absoluto, apenas em aumentos e diminuição. Isso dá-se pelo fato que essas características são afetadas majoritariamente pelo ambiente e será utilizado o melhoramento genético para proporcionar que o rebanho tenha uma produção mínima garantida pela genética dos animais.

Os objetivos de seleção é o direcionamento para onde o programa irá. No entanto, é necessário definir os critérios de seleção, ou as maneiras de alcançar os objetivos. Dentro disso, para simplificar pode-se dividir os critérios em dois extratos. O primeiro são as características que serão medidas e melhoradas e o segundo é como será realizada a seleção das fêmeas e o direcionamento dos acasalamentos (esse último será abordado de forma mais profunda no próximo capítulo). As características que devem ser melhoradas para atingir cada objetivo serão descritas na sequência:

1. Para aumentar a produção de kg de cordeiros desmamados por fêmea encarneirada as características a serem melhoradas são:
   a. Prolificidade – número de cordeiro nascido por ovelha;
   b. Peso ao desmame.
2. Para aumentar o peso de velo das matrizes no rebanho a característica a ser melhorada é:
   a. Peso de velo sujo.
3. Para diminuir o diâmetro médio da lã das matrizes do rebanho a característica a ser melhorada é:
   a. Diâmetro médio da fibra de lã.

A seleção e direcionamento dos acasalamentos será os níveis independentes de descarte. Esse método consiste em estabelecer níveis mínimos em que os animais devem atingir para cada característica relacionada com o objetivo de seleção. Animais que não alcançam o estabelecido são eliminados ou não considerados para reprodução.

Melhoramento genético em rebanhos comerciais

O primeiro ponto a se levar em consideração é que geralmente em rebanhos comerciais se realizam descartes e não seleção. Logo, para ficar clara essa diferença será tratada que seleção é quando se mantém no sistema a menor proporção dos animais aptos a escolha e descarte o contrário, ou seja, se mantêm a maior proporção.

O impacto na prática entre seleção e descarte é o melhoramento do rebanho, em que se apenas realiza-se descarte, o ganho genético é mínimo, sendo quase que totalmente dependente da contribuição do carneiro. Nesse caso cria-se uma maior exigência de acertar na escolha do reprodutor, pois será ele o responsável de elevar o nível genético e produtivo do rebanho.

Comercialmente existe duas formas de deixar de descartar e começar a selecionar, a saber: **aumentar as taxas reprodutivas e diminuir as taxas de mortalidade** e; **aumentar a vida produtiva das matrizes, diminuindo o descarte de fêmeas adultas.**

Aumentar as taxas reprodutivas e diminuir as taxas de mortalidade, significa que no momento da seleção chegará uma maior quantidade de fêmeas aptas a reprodução, podendo manter no sistema uma menor proporção e vencendo uma maior. Nesse ponto será realizada a seleção.

Por exemplo, se em um rebanho de 300 matrizes tem-se uma taxa de reposição anual de 25% e uma porcentagem de borregas que chegam aptas à primeira encarneirada em relação ao número de ovelhas em idade reprodutiva (borregas/ovelhas encarneiradas na estação reprodutiva anterior x 100) de 29%, apenas serão descartadas 4% das borregas que chegam a primeira reprodução. Ou seja, de 300 matrizes, 87 borregas chegam aptas à seleção, no entanto foram escolhidas 75 borregas, descartando apenas 12 borregas.

Para que se possa sair de uma situação de descarte e passar para um nível de seleção deve-se perseguir um número de cordeiros(as) desmamados por ovelha encarneirada de no mínimo 106%, com uma mortalidade do desmame até a primeira encarneirada não superior a 5%. Assim, com uma exigência de reposição de 75 fêmeas, serão desmamados de 300 ovelhas 318 cordeiros, sendo desses, 159 fêmeas, que com uma mortalidade de 5% chegarão à idade reprodutivas em torno de 151 borregas. Desta forma será possível selecionar as melhores 75 borregas e vender as 76 borregas restantes. Nesse caso está ocorrendo seleção, pois a proporção de borregas selecionadas em relação ao número de candidatas é de 49,7% (75/151x100 = 49,7%).

Outra forma é **aumentar a vida produtiva das matrizes, diminuindo o descarte de fêmeas adultas**. Antes de mais nada devemos nos atentar na desvantagem disso, que é um aumento no intervalo de gerações (idade média do rebanho quando nascem seus produtos) pois se manterá uma proporção menor ainda no rebanho de animais que possuem a melhor genética que são as borregas. No entanto, devido a redução da exigência de reposição, a pressão de seleção nas borregas será maior, com isso entrará fêmeas geneticamente muito mais superiores do que mantendo uma taxa de reposição de 25%.

Por exemplo, no rebanho de 300 matrizes ao invés de ter uma taxa de reposição de 25%, possa-se passar a trabalhar com taxas de 15%, a exigência passa de 75 borregas para 45. Se manter os níveis já atingidos de 106% de cordeiros(as) desmamados por ovelha encarneirada e uma mortalidade de no máximo 5% do desmame à primeira encarneirada, de 151 borregas, se selecionarão apenas 45, sobrando 106. Isso significa uma pressão de seleção maior com uma proporção de borregas selecionadas em relação as candidatas de 29,8% (45/151x100 = 29,8%).

Em resumo, quanto menor for a proporção de selecionadas maior será a intensidade de seleção, quanto maior essa intensidade, maior é o ganho genético. E talvez, esse acréscimo na intensidade de seleção, compensará o maior intervalo de geração de manter por mais tempo ovelhas adultas em produção.

Para fechar essa parte, é importante ressaltar alguns pontos. A diminuição do descarte de fêmeas adultas deve seguir um raciocínio de manter ovelhas mais produtivas e que não sejam problemas. Alguns critérios são obrigatórios de descarte se for observado em alguma matriz. Esses são:

1. Ovelhas que não pariram;
2. Ovelhas que pariram, mas não desamaram;
3. Ovelhas que estão sempre magras;
4. Ovelhas susceptíveis a verminoses.
5. Ovelhas susceptíveis a foot rot;
6. Ovelhas com teto cego;
7. Ovelhas com falhas de dente;
8. Ovelhas com problemas de constituição (principalmente prognatismo e bragnatismo).

Até aqui foram feitas ações dentro da porteira, agora é necessário buscar algumas soluções fora da propriedade. E para isso pode-se começar falando sobre DEP e acurácia.

A DEP significa a diferença esperada na progênie que é o mérito genético dos animais observado nos seus descendentes. A DEP é a metade do valor genético do animal. O valor genético de um animal é a representação de um conjunto de genes que atuam sobre as características. Por exemplo, como um carneiro consegue transmitir apenas a metade dos seus genes (a outra metade é da ovelha), a DEP é a metade desse valor genético.

A DEP é expressa em desvios positivos e negativos (valores positivos são DEPs acima da média e valores negativos são DEPs abaixo da média), em que animais com DEPs positivas, por exemplo para peso de velo, espera-se que sua prole produza velos mais pesados quando comparada a prole de animais que apresentam uma

DEP negativa (menor peso de velo). Ou animais que apresentam DEPs negativas para o diâmetro da lã, espera-se que a prole desses animais produza lãs mais finas quando comparadas a animais com DEPs positivas para o diâmetro da lã (animais mais grossos).

Juntamente com a DEP é publicado um valor que se refere a confiança que é chamada de acurácia. A acurácia é o valor que reflete a probabilidade de que o valor da DEP seja observado na sua progênie. Ela varia de 0 a 1, sendo que acurácias de 0,00 – 0,19 são classificadas como muito baixas, significando que existe uma probabilidade de até 19% da DEP ser observada nos produtos de um carneiro ou de uma ovelha, sendo que os 81% de incerteza pode ser para mais ou para menos. Ou seja, um animal classificado com uma boa DEP e com uma acurácia de 0,19 existe uma margem grande para que essa DEP mude, podendo piorar muito ou melhorar muito. Acurácias de 0,20 – 0,39 são classificadas como baixas, em que se tem probabilidades de observar na progênie um desempenho condizente com o valor da DEP de 20 a 39%. Acurácias de 0,40 – 0,69 são consideradas como média, acurácias de 0,70 – 0,89 alta e acurácias acima de 0,90 muito altas.

Via de regra, se forem comprados três borregos oriundos de uma mesma avaliação genética, com acurácias baixas e DEPs altas para peso de velo, no mínimo dois de três apresentarão uma progênie melhor ou igual ao valor da sua DEP (probabilidade de 1/3 manter e 1/3 de aumentar). Assim, para rebanhos que possuem no mínimo 100 matrizes devem-se escolher os animais pela DEP e utilizar a acurácia para definir quantos reprodutores usar. A tabela abaixo ajuda a fazer essa definição.

Um detalhe importante é quando em uma oferta de reprodutores de uma cabanha que começou recentemente suas avaliações genéticas, todos os animais apresentam baixas acurácias e o rebanho que irá adquirir possuí poucas ovelhas que será necessário a aquisição de apenas um reprodutor. Nesse caso, escolhe-se e usa-se o reprodutor levando em consideração apenas a sua DEP, pois nesse caso, as melhores DEPs nesse estágio, provavelmente, se manterão as melhores DEPs comparativamente aos outros animais dessa oferta.

Tabela 1. Número de reprodutores a serem utilizados em um rebanho de no mínimo 100 matrizes conforme sua acurácia.

Acurácia	Número de reprodutores com DEPs favoráveis[1]	Porcentagem de ovelhas encarneirada por reprodutor
0,00 – 0,39	4	25%
0,40 – 0,69	3	30 – 35%
0,70 – 0,89	2	50%
0,90 – 1,00	1	100%[2]

[1]DEPs favoráveis são por exemplo animais com DEPs positivas para peso de velo, DEPs negativas para diâmetro da lã ou DEPs positivas para peso corporal. [2]Dependendo do tamanho do rebanho utilizar monta controlada e/ou inseminação artificial.

Para ilustrar essa teoria, abaixo alguns exemplos. O primeiro será uma tabela comparando as DEPs e acurácias de animais para o peso corporal pós esquila. Já o segundo é a busca de animais melhoradores para peso de velo, diâmetro da lã e peso corporal.

Na tabela abaixo são mostrados sete reprodutores com DEPs para o peso corporal pós esquila (12 a 18 meses de idade), visto que o rebanho que fará a aquisição destes deseja aumentar o peso dos animais.

Tabela 2. Reprodutores disponíveis no mercado pertencentes de uma mesma avaliação genética. DEP para peso corporal pós esquila.

Reprodutor	DEP PC[1]	Acurácia
001	0,51	0,71
002	0,05	0,47
003	-0,09	0,73
004	-1,12	0,49
005	-0,75	0,69
006	1,58	0,59
007	0,26	0,46

[1]DEP PC é a diferença esperada na progênie para o peso corporal pós esquila, expresso em kg.

Com base na tabela acima pode-se classificar os animais por suas DEPs, visto que o melhor animal é o 006 que ostenta valores de 1,58 kg. Isso significa que ele produzirá em média progênies com 1,58 kg a mais que a média dos animais desta avaliação. Ou seja, é o melhor dessa avaliação. Em segundo lugar vem o 001 com uma DEP de 0,51 kg. Entre esses animais a maior DEP é do 006 e a maior acurácia é o 001. Esse é um ponto importante, pois indiscutivelmente a melhor DEP deverá ser adquirida, mas para garantir que essa escolha foi a certa, esse reprodutor deverá ser utilizado em no máximo 35% do rebanho (quando esse rebanho apresenta no mínimo 100 matrizes, caso contrário, pode fazer uso dele em uma maior proporção).

É muito importante que os rebanhos mensurem seus animais, pois só dessa forma será possível saber se está ocorrendo ou não melhora genética. As medidas podem ser realizadas apenas nas borregas, pois elas são a produção da genética já estabelecida no rebanho.

As mensurações bases são diâmetro médio da fibra de lã (micronagem), medido de forma individual; peso de velo médio (pesar a bolsa de lã e dividir pelo número de borregas esquiladas) da categoria e; peso corporal pós esquila, medido de forma individual.

O procedimento de implementação é o seguinte:

1. Identificar todas as borregas;
2. Coletar amostra de lã entre a última e penúltima costela a aproximadamente 20 cm das vertebras lombares (conforme a figura abaixo) de todas as borregas;

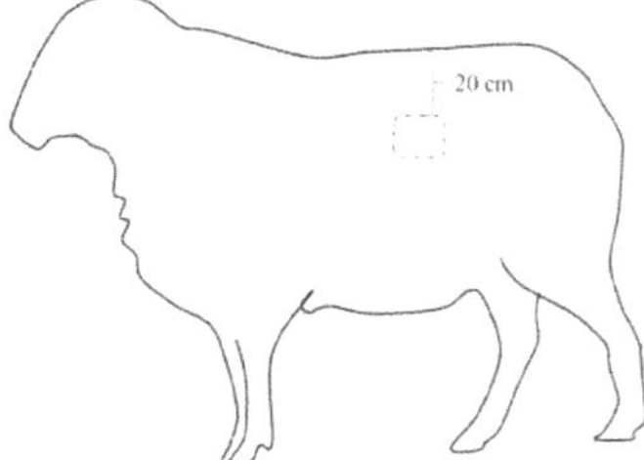

Figura 1. Local de coleta da amostra de lã.

3. Esquilar e acondicionar lãs das borregas e do rebanho adulto de forma separada;

4. Pesar as bolsas das borregas e dividir pelo número de animais esquilados (exemplo: bolsas de lã oriundas de borregas com peso total de 135 kg, dividir por 50 borregas = 135/50 = 2,7 kg de velo por borrega);
5. Pesar as borregas pós esquila de forma individual;
6. Assim se terá a micronagem média das borregas, peso de velo médio das borregas e peso corporal pós esquila médio das borregas;
7. Definir o que é necessário melhorar para adquirir novos reprodutores.

Com base nessas ações deve-se determinar os descartes e critérios para a aquisição de reprodutores. Por exemplo os dados da avaliação das borregas da raça Ideal desse exemplo foram:

1. Micronagem média de 20,5 micras;
2. Peso de velo médio de 2,5 kg;
3. Peso corporal pós esquila médio de 32 kg.

Supõem que em um rebanho de 300 ovelhas tem-se a necessidade de reposição de 75 borregas e com um número de borregas aptas a reprodução de 87 borregas. Assim, pode-se colocar níveis independentes de descarte de:

1. Descartar borregas com a micronagem maior do que 21,7 micras;
2. Descartar borregas com peso de velo menor do que 2,0 kg (nesse caso será necessário medir individualmente as borregas, caso não haja essa possibilidade, não considerar o peso de velo para descartar as borregas);
3. Descartar borregas com peso corporal pós esquila menor do que 27 kg.

Com isso, dentro do exemplo, chega-se ao descarte de 12 borregas das 87 aptas à reprodução. Agora o próximo passo é escolher os reprodutores para encarneirar as 300 matrizes. Visto que nesse rebanho há uma utilização de no mínimo 50 ovelhas por reprodutor, haverá assim a necessidade de adquirir no mínimo 6 reprodutores.

Tabela 3. Lista de 30 reprodutores de duas cabanhas. Em negrito as DEPs que dão status aos animais como descarte da possibilidade de aquisição. No status Candidato os animais que cumprem os requisitos mínimos definidos no rebanho que irá usar os reprodutores.

Animal	Cabanha	DEP MIC	DEP PVS	DEP PC	Status
1	A	-0,55	**-0,86**	**-0,58**	Descarte
2	A	**0,26**	**-0,20**	0,05	Descarte
3	A	**0,56**	0,49	**-0,09**	Descarte
4	A	-0,41	0,00	1,42	Candidato
5	A	-0,59	**-0,68**	**-1,12**	Descarte
6	A	**0,82**	1,32	**-0,90**	Descarte
7	A	**0,73**	0,04	0,90	Descarte
8	A	-0,60	**-0,63**	**-1,89**	Descarte
9	A	-1,15	**-1,11**	**-0,95**	Descarte
10	A	**0,10**	**-0,06**	**-0,35**	Descarte
11	A	-0,48	**-0,26**	**-0,75**	Descarte
12	A	-0,01	0,05	1,58	Candidato
13	A	**0,24**	**-0,21**	0,26	Descarte
14	A	-0,17	**-0,35**	**-0,33**	Descarte
15	A	-0,44	0,17	0,79	Candidato
1	B	0,14	**-0,01**	-0,22	Descarte
2	B	**0,56**	0,10	0,09	Descarte
3	B	**0,16**	0,11	1,67	Descarte
4	B	**0,14**	0,03	0,51	Descarte
5	B	-0,01	0,01	0,02	Candidato
6	B	-0,01	0,00	0,39	Candidato
7	B	-0,05	0,05	0,21	Candidato
8	B	**0,24**	0,01	0,51	Descarte
9	B	-0,78	**-0,07**	0,39	Descarte
10	B	-0,21	**-0,02**	**-0,65**	Descarte
11	B	**0,03**	0,04	**-0,53**	Descarte
12	B	-0,47	**-0,04**	0,08	Descarte
13	B	-0,38	**-0,09**	**-0,83**	Descarte
14	B	-0,46	**-0,08**	**-1,92**	Descarte
15	B	-0,24	**-0,02**	**-0,41**	Descarte

Nos reprodutores será realizado o mesmo procedimento dos níveis independentes de descarte, visto que só poderão comparar animais que estão sendo avaliados na mesma avaliação genética. Atualmente as avaliações são realizadas intra-rebanho, logo cada cabanha tem sua avaliação de forma independente. Na Tabela 3 é mostrada duas cabanhas com as DEPs para diâmetro médio da fibra de lã (micronagem; DEP MIC), peso de velo sujo (DEP PVS) e peso corporal pós esquila (DEP PC). O objetivo do rebanho que fará a aquisição é obter animais com DEPs negativas para micronagem, DEPs positivas ou nulas para peso de velo sujo e DEPs positivas para peso corporal pós esquila.

Na Tabela 3 são mostrado as DEPs dos reprodutores das cabanhas A e B.

Dos 30 animais aptos a serem adquiridos, apenas seis cumpriram os requisitos básicos para poderem serem utilizados no rebanho em questão. Dentro da cabanha A os animais 4, 12 e 15 foram considerados, sendo o melhor deles para DEP MIC é o 15, esperando que sua progênie seja 0,44 micra mais fina que a média dos animais avaliados dentro da cabanha A. Para DEP PVS o melhor animal foi também o 15, em que se espera que sua progênie apresente 170 gramas a mais de peso de velos que a média dos animais da cabanha A. Para DEP PC o animal 12 foi o melhor, sendo esperado que sua progênie tenha 1,58 kg a mais de peso vivo.

Dentro da cabanha B os animais 5, 6 e 7 foram os considerados para aquisição para o rebanho, sendo o melhor para DEP MIC o animal 7, esperando que sua progênie apresente 0,05 micra mais fina que a média dos animais da cabanha B. Para DEP PVS o animal 7 foi o melhor, esperando que sua progênie apresente 50 gramas a mais de peso de velo comparado a média dos animais da cabanha B. Para DEP PC o animal 6 foi o melhor, esperando que sua progênie seja 390 gramas mais pesada que a média dos animais da cabanha B.

Note-se que nem todos os animais apresentam valores vistosos, no entanto os seis Candidatos apresentaram o mais importante que é o equilíbrio. A escolha desses reprodutores com base nas suas DEPs e com base no descarte realizado dento do rebanho proporcionará um ganho genético constante.

Nota-se que não foi falado em prolificidade e nem peso ao desmame. Fato esse por não ter muitas cabanhas ainda com essas avaliações. No entanto, a prolificidade pode ser aumentada melhorando o manejo do rebanho, aplicando técnicas de *Flushing* e mantendo fêmeas que apresentam partos gemelares e que consigam desmamar essa produção. Logo, um peso que está relacionado com o desmame é o peso corporal pós esquila, pois ele reflete cerca de 70% do peso vivo adulto e o peso ao desmame é referente ao 50% desse peso adulto. Desta forma, existe uma correlação genética de 0,38 a 0,70 entre esses dois pesos, ou seja, ao selecionar por maiores pesos pós esquila será possível obter maiores pesos ao desmame, ou seja, de cada 100 cordeiros que apresentam maiores pesos ao desmame de 38 a 70 cordeiros apresentarão maiores pesos pós esquila.

Em poucos anos já se terá no mercado avaliações genéticas globais, que possibilitarão a comparação entre diferentes cabanhas. Desta forma, será possível escolher o melhor animal entre todos avaliados conjuntamente. Na prática isso proporciona a identificação de animais com superioridade genética marcante, pois aumentará o número de animais avaliados em diferentes ambientes. Atualmente as avaliações se limitam dentro de uma cabanha, no entanto já se iniciaram as conexões utilizando carneiros referência que possibilitará uma conexão entre esses rebanhos.

No próximo capítulo se fará aproximações na resposta à seleção, tanto no descarte das borregas como na aquisição dos reprodutores com base nas DEPs.

Resposta à seleção

Em um período de 10 anos pode-se chegar, via descarte de fêmeas que tenham qualquer um dos oito critérios de descarte obrigatório, descarte das borregas que não atinjam os níveis produtivos mínimos e com a aquisição de reprodutores que complementem o rebanho, a melhores níveis produtivos. E a resposta à seleção pode ser estimada, logo para isso algumas coisas devem ser relembradas. A relembrar:

1. Diâmetro médio de 22,2 micras;
2. Peso de velo médio de 3,4 kg;
3. Produção de 19,2 kg de cordeiros por fêmea encarneirada;
4. Peso pós esquila (em borregas) de 32 kg (70% do peso adulto);
5. Peso adulto de 45,7 kg;
6. DEPs médias do rebanho igual a 0,00 para micronagem, peso de velo sujo e peso corporal pós esquila (será assumido esse valor pois não é conhecido o valor genético desse rebanho, no entanto é uma simplificação);
7. DEP média para micronagem dos seis reprodutores adquiridos de -0,16 (foi feita uma média aritmética para fins de aproximação e simplificação);
8. DEP média para peso de velo sujo dos seis reprodutores adquiridos de 0,05 (foi feita uma média aritmética para fins de aproximação e simplificação);
9. DEP média para peso corporal pós esquila dos seis reprodutores adquiridos de 0,74 (foi feita uma média aritmética para fins de aproximação e simplificação);
10. Todo ano entra no rebanho 75 borregas (rebanho de 300 matrizes), no primeiro e segundo anos serão mantidos os valores médios do rebanho. Nos anos 3 e 4 já se terá dados das borregas filhas dos reprodutores adquiridos pelas DEPs. No entanto, no terceiro ano será feita novas aquisições de

reprodutores, para manter os cálculos simplificados, será considerada as mesmas DEPs médias. Seguirá esse raciocínio até o ano 10.

Para uma melhor visualização, a resposta à seleção por característica será mostrada graficamente na sequência.

No primeiro gráfico (Figura 2) nota-se que nos dois primeiros anos não houve mudança nem no diâmetro da lã (micronagem) nem no peso de velo sujo (PVS), isso é dado pelo fato que a produção dos carneiros adquiridos pelas DEPs será avaliada apenas no terceiro ano. A partir daí espera-se que haja um aumento de 20 gramas em média por ano no PVS e uma diminuição de -0,07 micra em média por ano.

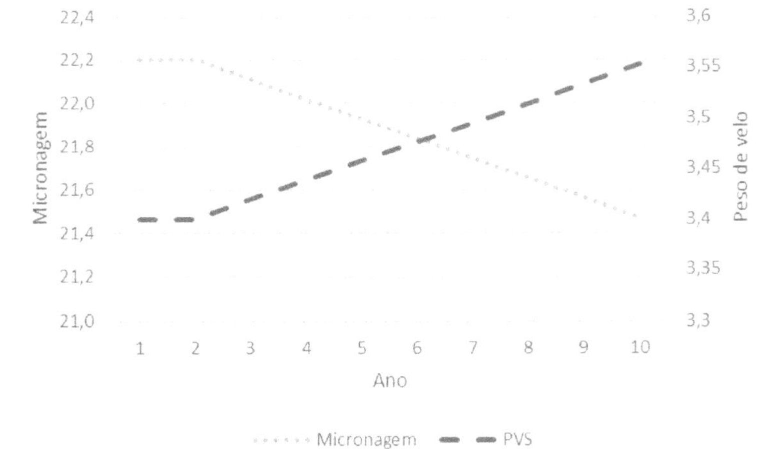

Figura 2. Resposta à seleção para diâmetro da lã (micronagem; em micras) e peso de velo sujo (PVS, em kg) ao longo de 10 anos.

No segundo gráfico (Figura 3), via seleção direta espera-se obter um ganho médio por ano de 200 gramas para o peso corporal pós esquila (PC). Via resposta indireta, espera-se que com o aumento do PC também ocorra um aumento de 300 gramas por ano em média no peso adulto e um aumento de 100 gramas por ano na produção de kg de cordeiros por fêmea exposta à reprodução (kg cordeiro/fêmea).

Vale ressaltar que são estimativas teóricas, mas que marcam o ganho possível, se realizar todo o descrito até aqui. Logo, para que haja uma resposta favorável à seleção é necessário realizar o descarte de fêmeas que não são produtivas ou que apresentem defeitos graves, descartar borregas que não atinjam os níveis mínimo na esquila realizada com 12 a 18 meses de idade e adquirir reprodutores que agreguem ao rebanho, tanto somando como complementando.

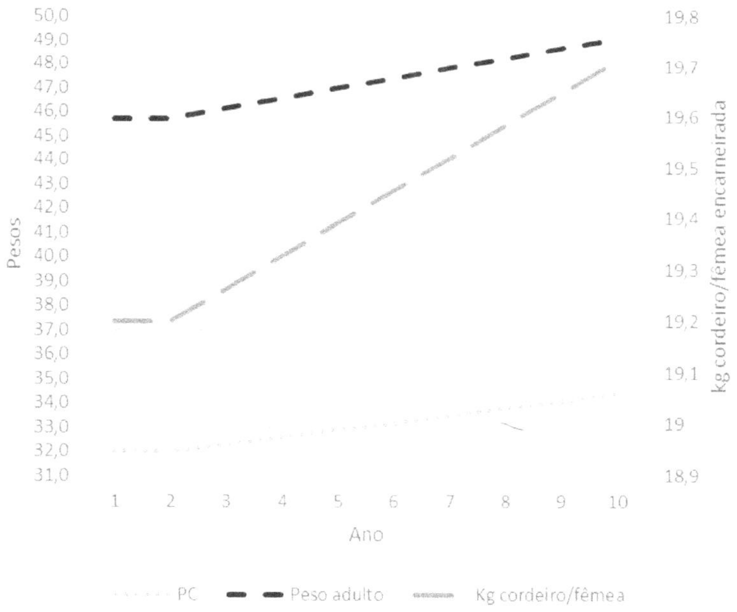

Figura 3. Resposta à seleção para peso corporal pós esquila (PC; em kg), Peso adulto (em kg) e kg de cordeiros desmamados por fêmea exposta à reprodução (kg cordeiros/fêmea) ao longo de 10 anos.

Cruzamentos na produção de lã com qualidade

A palavra cruzar, principalmente, em rebanhos laneiros, pode soar como depreciativo. No entanto, a ideia é via cruzamento conseguir explorar o vigor híbrido do cruzado (superioridade do cruzado em relação à média dos pais) e melhorar pontualmente alguns atributos do rebanho.

Espera-se visualizar nos animais cruzados melhores desempenhos nas características de importância econômica, em que pode proporcionar um maior impacto do uso das DEPs na produção dos ovinos, sempre buscando indivíduos que produzam mais lã fina, sem perder ou melhorando os aspectos de produção de carne.

Nesse sentido e conforme os dados fornecidos pela ARCO, em que fêmeas da raça Corriedale, dos anos de 2014 a 2022, apresentaram diâmetro médios da fibra de lã de 27,6 micras, mostra que existe uma oportunidade de melhorar esse quesito, mantendo ou potencializando os atributos carniceiros e de adaptabilidade da raça nos mais diversos sistemas de produção do Rio Grande do Sul.

Uma alternativa de raça para cruzar com o Corriedale é o Dohne Merino. Essa é uma raça sintética, sendo originária da África do Sul, gerada na década de 30 pelo Sr. Koot Kortzé do Departamento de Agricultura deste país na estação experimental Dohne.

A formação do Dohne Merino foi dada pelos cruzamentos entre Merino Peppin (lã) e Merino Mutton, também conhecido como Merino Alemão (carne), que resultou depois de 15 anos de trabalho no Dohne Merino. Sendo que o objetivo de seleção de Kortzé era a geração de uma raça sintética de duplo propósito adaptada a sistemas extensivos.

A seleção, iniciada em 1970, foi realizada baseada em testes de performance, provas de progênie e registro de produção, onde os dados dos ovinos testados são mantidos em um programa computadorizado de registro. Desta forma, hoje o Dohne Merino é uma das raças laneiras líderes na África do Sul e apresenta notável crescimento na Austrália, Uruguai, Argentina e está começando a crescer no Brasil.

As aptidões dessa raça são produção de 5 a 6 kg de velo por animal, com um diâmetro de 18 a 22 micras. Possuindo uma boa habilidade materna, ou seja, ovelhas que cuidam de seus cordeiros, facilitando assim maiores taxas de sobrevivência aliada com o grande vigor do cordeiro recém-nascido. Se caracteriza por apresentar uma alta fertilidade, podendo chegar com facilidade a índices de 110 a 150% de parição. Peso vivo aos 120 a 180 dias de idade de 39 a 40 kg e ovelhas com peso vivo de 55 a 65 kg.

Montossi et al. (2011) apresentaram resultados obtidos em seis gerações (2004-2009), produto da avaliação de diferentes combinações de Dohne Merino (MD) e Corriedale (C). Sendo 100% C, 50% MD x 50% C e 75% MD x 25% C. Nesse estudo de Montossi et al. (2011), na medida que aumentou a proporção de sangue MD aumentou de 9 a 15% o crescimento dos animais, aumentou de 3 a 4% a área de olho lombo, diminuiu de 5 a 9% no grau de engorduramento da caraça, aumentou de 12 a 14% o peso da carcaça, diminuiu o peso de velo sujo de 5 a 9%, diminuiu de 9 a 13% o peso de velo limpo, diminuiu o diâmetro da fibra de lã de 13 a 18%, diminuiu o comprimento da fibra de 12 a 20%, aumentou o brilho em 1,6% e diminuiu o grau de amarelamento de 27 a 35%.

Na avaliação do nível industrial da qualidade da lã obtida deste cruzamento, comparando lãs de animais cruzados com animais Corriedale, nascidos do ano de 2003 a 2007, foram coletadas amostras de lã retiradas de fardos de lã oriundas das esquilas do primeiro, segundo, terceiro e quarto velo (Preve et al., 2014). Esses resultados estão plotados nas Figuras 4, 5 e 6.

Na Figura 4 apenas houve diferenças com relevância estatística no primeiro velo, em que animais puros da raça Corriedale apresentaram 285 fibras pigmentadas de origem genética por kg de lã lavada. Em contraste, no primeiro velo, animais cruzados apresentaram apenas 57 fibras pigmentadas de origem genética por kg de lã lavada. É importante destacar que se admite até 100 fibras pigmentadas por kg de lã lavada destinadas a fios de cor clara, no entanto, para produtos de elevada qualidade a exigência é maior e não pode ultrapassar 50 fibras pigmentadas por kg de lã de lavada.

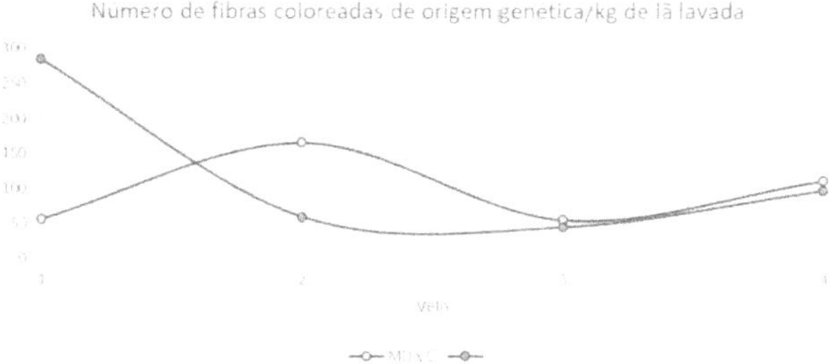

Figura 4. Número de fibras pigmentadas de origem genética por kg de lã lavada (MD x C = Dohne Merino x Corriedale; C = Corriedale), editado de Preve et al. (2014).

Na Figura 5, foi possível observar que em animais com sangue Dohne Merino os velos apresentaram graus de amarelamento, estatisticamente, inferiores que a raça pura. A lã quanto mais branca, mais valorizada é. Assim, a medida utilizada para aferir o grau de amarelamento é o Y-Z score, quanto mais baixo esse valor, mais branca é a lã. A saber: Y-Z = -2 – lã muito branca; Y-Z = 0 – lã branca; Y-Z = 2 a 4 – lã branco giz; Y-Z = 5 – início do amarelamento e; Y-Z = aumento crescente do amarelamento.

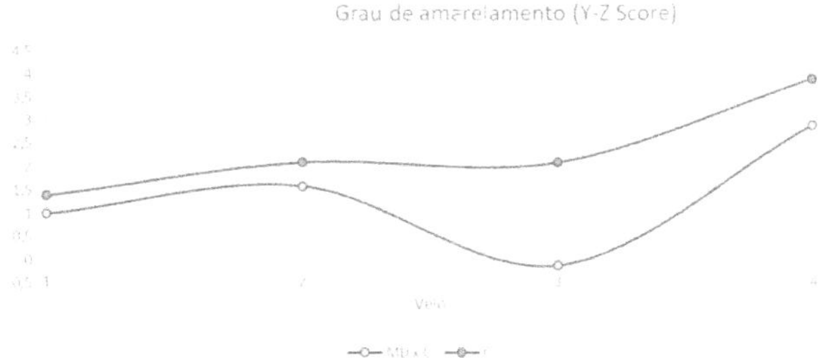

Figura 5. Grau de amarelamento (MD x C = Dohne Merino x Corriedale; C = Corriedale), editado de Preve et al. (2014).

No diâmetro médio das fibras que compõem a amostra retirada do fardo (Figura 6), mostra claramente a diferença marcante de diâmetro entre animais puros da raça Corriedale comparados aos cruzados (MD x C). Vale lembrar que o diâmetro das fibras é a característica de maior importância na valorização do produto, onde lãs mais finas possuem maior preço, pelo fato de atenderem uma maior gama de produtos, logo perfazendo cerca de 80% da remuneração do produto. Um fio fino pode ser feito apenas por fibras finas, logo fibras finas podem fazer todos os tipos de fio.

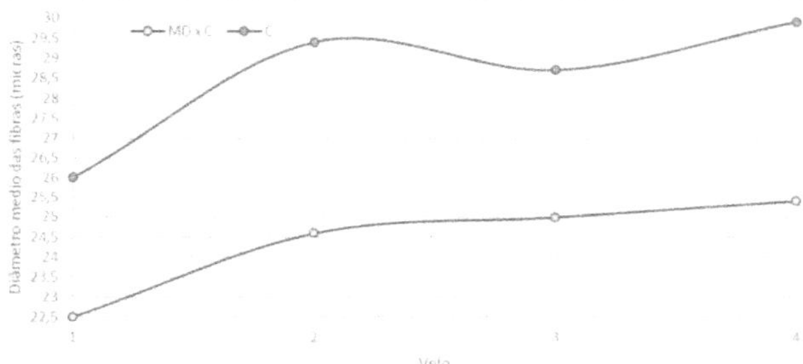

Figura 6. Diâmetro médio das fibras expresso em micras (MD x C = Dohne Merino x Corriedale; C = Corriedale), editado de Preve et al. (2014).

No estudo de De Barbieri et al. (2018) animais puros da raça Corriedale apresentaram maior peso de velo na primeira esquila quando comparado aos cruzados. Assim, na medida que aumentou o grau de sangue Dohne Merino, diminuiu o peso de velo sujo (Figura 7). Nesse estudo tanto animais Corriedale como cruzados com Dohne Merino eram mais finos comparados ao do estudo de Preve et al. (2014). Logo, na medida que aumentou o grau de sangue Dohne, houve uma diminuição do diâmetro da lã (Figura 8).

No contexto de animais com maior grau de sangue Dohne apresentam menores pesos de velo e menores diâmetros, também refletiu no comprimento da mecha que foi menor em animais cruzados comparados à animais Corriedale (Figura 9). O comprimento de mecha é um atributo importante qual agrega valor à lã, pois essa característica é que vai determinar qual tipo de processamento que as fibras serão submetidas, logo sendo responsável por 15-20% da remuneração. Mechas maiores (> 7 cm) vão passar pelo processo de cardado e penteado e as menores (< 7 cm) apenas pelo processo de cardado. Ou seja, mechas menores que 7 cm terão maiores desconto no seu preço.

Figura 7. Peso de velo sujo (PVS; em kg) em animais com diferentes graus de sangue Dohne Merino comparado a animais 100% Corriedale (MD = Dohne Merino e C = Corriedale), editado de De Barbieri et al. (2018).

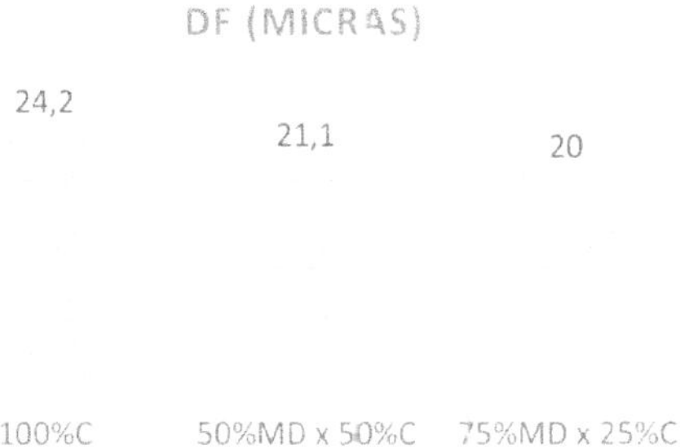

Figura 8. Diâmetro médio da fibra de lã (DF) em animais com diferentes graus de sangue Dohne Merino comparado a animais 100% Corriedale (MD = Dohne Merino e C = Corriedale), editado de De Barbieri et al. (2018).

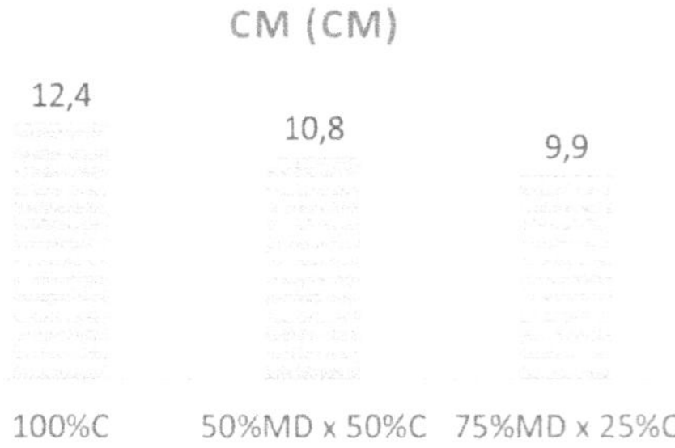

Figura 9. Comprimento de mecha (CM) em animais com diferentes graus de sangue Dohne Merino comparado a animais 100% Corriedale (MD = Dohne Merino e C = Corriedale), editado de De Barbieri et al. (2018).

Para o peso vivo ao abate (Figura 10), peso de carcaça (Figura 11) e área de olho de lombo (Figura 12) animais cruzados foram, significativamente, superiores aos animais puros Corriedale, no entanto, não houve diferença estatística no estudo de De Barbieri et al. (2018) entre os diferentes graus de sangue Dohne.

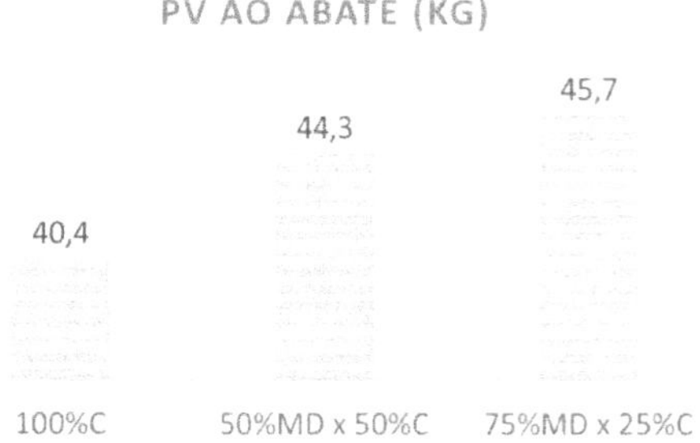

Figura 10. Peso ao abate (PV AO ABATE) em animais com diferentes graus de sangue Dohne Merino comparado a animais 100% Corriedale (MD = Dohne Merino e C = Corriedale), editado de De Barbieri et al. (2018).

A área de olho de lombo é baseada em medidas obtidas no espaço intercostal entre a 12/13ª costelas medindo a área da secção transversal do músculo longo dorsal e é apresentada em centímetros quadrados (cm²). Ela está relacionada com rendimento percentual de carcaça e de cortes comerciais, ou seja, quanto maior melhor.

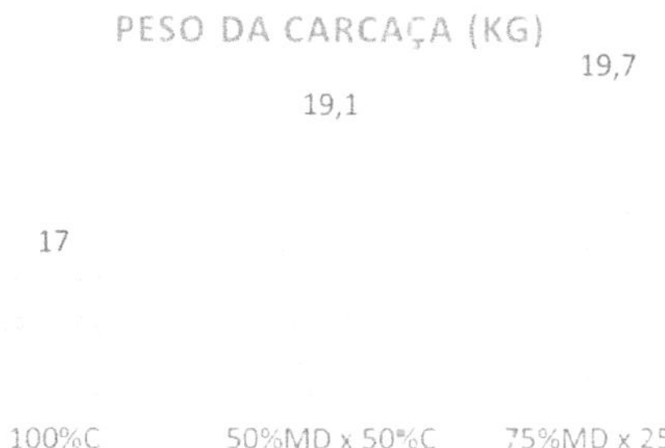

Figura 11. Peso da carcaça em animais com diferentes graus de sangue Dohne Merino comparado a animais 100% Corriedale (MD = Dohne Merino e C = Corriedale), editado de De Barbieri et al. (2018).

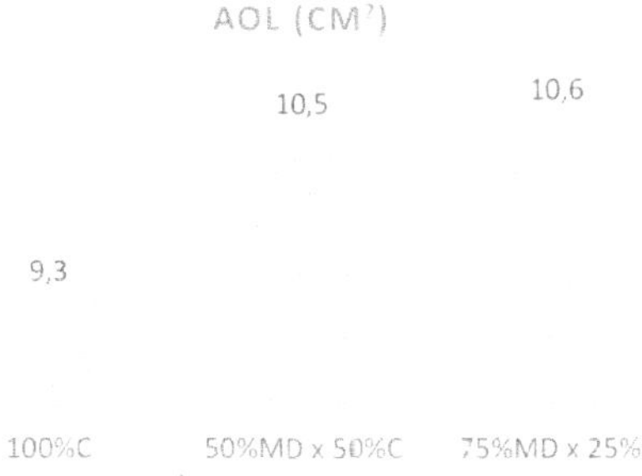

Figura 12. Área de olho de lombo (AOL) em animais com diferentes graus de sangue Dohne Merino comparado a animais 100% Corriedale (MD = Dohne Merino e C = Corriedale), editado de De Barbieri et al. (2018).

Outra variável de grande importância avaliada no estudo de De Barbieri et al. (2018) foi a prolificidade (número de cordeiros nascidos por ovelhas diagnosticadas), em que animais 50% apresentaram maiores valores, diferindo significativamente das outras composições raciais (Figura 13). A prolificidade está relacionada ao vigor híbrido (heterose), que quanto maior será a tendência de características reprodutivas de adaptabilidade se destacarem. Quando se tem cruzamentos de duas raças diferentes, os graus de sangue que apresentam o máximo de heterose é o grau de sangue 50%.

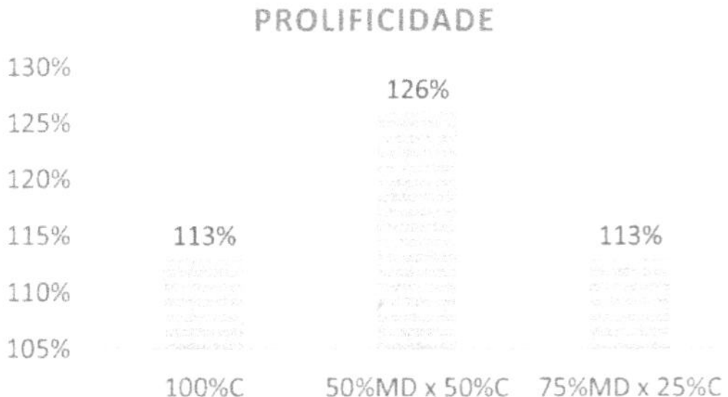

Figura 13. Prolificidade (número de cordeiros nascidos pelo número de ovelhas diagnosticadas) em animais com diferentes graus de sangue Dohne Merino comparado a animais 100% Corriedale (MD = Dohne Merino e C = Corriedale), editado de De Barbieri et al. (2018).

É notório as vantagens do cruzamento com Dohne Merino, no entanto não se pode esquecer que a raça Corriedale, além de adaptada aos campos do Rio Grande do Sul, apresenta ótimos níveis produtivos. Visto isso e pela demanda de lãs mais finas, a presença do sangue de Dohne Merino no rebanho trará maiores ingressos. Outro ponto é encontrar uma alternativa para utilizar da superioridade do cruzado (vigor híbrido), que pode ser obtida com o cruzamento rotacional entre Dohne Merino e Corriedale. Esse apresenta um potencial de proporcionar um aumento do faturamento do rebanho mantendo valores de heterose (vigor híbrido) na ordem de 63 a 69%.

As Tabelas 4 e 5 mostram como esse cruzamento rotacional pode ser conduzindo tendo como rebanho base (fundação) a raça Corriedale e, como ficaria a composição racial anual dos produtos do cruzamento rotacional de ovelhas Corriedale com Dohne Merino.

Nota-se na Tabela 4 que o vigor híbrido (% do máximo) estabiliza no quarto ano acima dos 60%, isso é algo interessante, pois é possível usufruir do cruzamento, mas também usar carneiros com DEPs para as características desejáveis e obter rebanhos mais produtivos usando o valor genético das duas raças e a variabilidade genética que proporcionará maior adaptabilidade desses animais nos diversos sistemas de produção.

Tabela 4. Exemplo de cruzamento rotacional entre Corriedale e Dohne Merino.

Geração	Raça do carneiro	Composição racial (%)		Vigor híbrido (% do máximo)
		Corriedale	Dohne Merino	
Fundação	Corriedale	100	0	0
1	Dohne Merino	50	50	100
2	Corriedale	75	25	50
3	Dohne Merino	37	63	75
4	Corriedale	69	31	63
5	Dohne Merino	34	66	69
6	Corriedale	67	33	66

Na Tabela 5 é mostrado como ficará a composição racial dos produtos do cruzamento utilizando o Dohne Merino (MD) em cruzamento rotacionado com a raça Corriedale (C). Para fins de exemplo, será feita uma projeção a em que as primeiras progênies nascerão em 2023.

Tabela 5. Composição racial por ano dos produtos oriundos do cruzamento rotacional. C = Corriedale e MD = Dohne Merino.

Ano	Acasalamento (número de fêmeas acasaladas)	Progênie (Machos e Fêmeas)	Encaneiradas
1	MD x C (300)	2023.[1/2MD_1/2C] (210)	300
2	MD x C (300)	2024.[1/2MD_1/2C] (210)	300
3	MD x C (195) C x 2023.[1/2MD_1/2C](52) MD x 2023.[1/2MD_1/2C](53)	2025.[1/2MD_1/2C] (136) 2025.[1/4MD_3/4C] (36) 2025.[3/4MD_1/4C] (37)	300
4	MD x C (92) C x 2023.[1/2MD_1/2C](51) MD x 2023.[1/2MD_1/2C](52) C x 2024.[1/2MD_1/2C](53) MD x 2024.[1/2MD_1/2C](52)	2026.[1/2MD_1/2C] (64) 2026.[1/4MD_3/4C] (35) 2026.[3/4MD_1/4C] (36) 2026.[1/4MD_3/4C] (37) 2026.[3/4MD_1/4C] (36)	300
5	MD x C (23) C x 2023.[1/2MD_1/2C](34) MD x 2023.[1/2MD_1/2C](34) C x 2024.[1/2MD_1/2C](53) MD x 2024.[1/2MD_1/2C](52) C x 2025.[1/2MD_1/2C] (34) MD x 2025.[1/2MD_1/2C] (34) C x 2025.[3/4MD_1/4C] (18) MD x 2025.[1/4MD_3/4C] (18)	2027.[1/2MD_1/2C] (66) 2027.[1/4MD_3/4C] (24) 2027.[3/4MD_1/4C] (23) 2027.[1/4MD_3/4C] (37) 2027.[3/4MD_1/4C] (36) 2027.[1/4MD_3/4C] (23) 2027.[3/4MD_1/4C] (24) 2027.[3/8MD_5/8C] (13) 2027.[5/8MD_3/8C] (12)	300
6	C x 2023.[1/2MD_1/2C](18) MD x 2023.[1/2MD_1/2C](18) C x 2024.[1/2MD_1/2C](36) MD x 2024.[1/2MD_1/2C](36) C x 2025.[1/2MD_1/2C] (26) MD x 2025.[1/2MD_1/2C] (26) C x 2025.[3/4MD_1/4C] (18) MD x 2025.[1/4MD_3/4C] (18) C x 2026.[1/2MD_1/2C] (16) MD x 2026.[1/2MD_1/2C] (16) C x 2026.[3/4MD_1/4C] (36) MD x 2026.[1/4MD_3/4C] (36)	2028.[1/4MD_3/4C] (13) 2028.[3/4MD_1/4C] (12) 2028.[1/4MD_3/4C] (25) 2028.[3/4MD_1/4C] (25) 2028.[1/4MD_3/4C] (18) 2028.[3/4MD_1/4C] (18) 2028.[3/8MD_5/8C] (12) 2028.[5/8MD_3/8C] (13) 2028.[1/4MD_3/4C] (11) 2028.[3/4MD_1/4C] (11) 2028.[3/8MD_5/8C] (25) 2028.[5/8MD_3/8C] (25)	300
...	...	...	300
X	C x [2/3MD_1/3C](150) MD x [1/3MD_2/3C](150)	20XX.[1/3MD_2/3C] 20XX.[2/3MD_1/3C]	300

Considerações finais

Foi possível verificar as potencialidades do melhoramento genético, em que moveu favoravelmente características "antagônicas" ao objetivo de obter um ovino mais produtivo e com lãs mais finas.

O melhoramento por proporcionar ganhos permanentes é lento e demanda paciência e crença na ciência que está por trás. Desta forma, definir um objetivo e segui-lo até atingir níveis satisfatórios é o que garante que em um horizonte de médio a longo prazo se obtenha rebanhos com maior produção de carne com uma lã de fácil inserção em qualquer praça de negociação.

Para rebanhos comerciais o primeiro passo é o descarte de animais que não produzem ou são problemas; o segundo é atender a necessidade de reposição, permanecendo no rebanho borregas que apresentem os níveis mínimos de peso corporal e peso de velo e diâmetros de lã máximos que proporcionem uma futura matriz capaz de produzir um cordeiro e velo pesado e uma lã de ótima qualidade e; adquirir reprodutores por suas DEPs, visto que uma vez tendo o entendimento do que o rebanho precisa, fica mais fácil definir os níveis independentes de descarte para buscar reprodutores produtivos e equilibrados.

Por fim, muitos sistemas possuem uma maior pressa para atingir os níveis que o mercado exige e para esses pode-se lançar mão de cruzamentos, que feitos com critérios técnicos e um projeto com objetivos sólidos, podem proporcionar ganhos produtivos em um curto período de tempo.

Literatura consultada

De Barbieri, I.; Ciappesoni, G.; Viñoles, C.; Ramos, Z.; Luzardo, S.; Brito, G.; San Julián, R.; Mederos, A.; Montossi, F. Impacto productivo y reproductivo de la ncorporación de la raza Merino Dohne. Conferência Merino, Uruguai, 2018, pp. 1 – 7.

Montossi, F.; De Barbieri, I.; Ciappesoni, G.; Silveira, C.; Luzardo, S.; Brito, G.; San Julián, R. Alternativas tecnológicas para la mejora de la competitividad del rubro ovino: Avances de la investigación de inia en la raza Merino Dohne. Revista INIA, Producción Animal, 26: 14-18, 2011.

Preve F, de Barbieri I, Abella I, Montossi F and Ciappesoni G 2014. Evaluación industrial de la lana de la raza Merno Dohne en cruzamiento. In Anternativas Tecnologicas para los sistemas ganaderos del basalto (eds. E.J. Berretta, F. Montossii and G. Brito), pp. 445–446.

www.ingramcontent.com/pod-product-compliance
Lightning Source LLC
LaVergne TN
LVHW052108160826
845678LV00015B/3439

* 9 7 8 6 5 2 6 6 0 6 7 7 3 *